PUBLICATIONS DE LA RÉUNION DES OFFICIERS

MÉLANGES MILITAIRES

XXXI. XXXII

LE TÉLÉMÈTRE

(RANGE-FINDER)

APPAREIL A MESURER LES DISTANCES

DU

CAPITAINE NOLAN

DE L'ARTILLERIE ROYALE ANGLAISE

Avec planche

PARIS

CH. TANERA, ÉDITEUR

LIBRAIRIE POUR L'ART MILITAIRE ET LES SCIENCES,

Rue de Savoie, 6

1872

LE TÉLÉMÈTRE

DU CAPITAINE NOLAN

PUBLICATIONS DE LA RÉUNION DES OFFICIERS

I. — L'Armée anglaise en 1871, au point de vue de l'offensive et de la défensive. Brochure in-12. . . . . 25 c.

II. — Organisation de l'armée suédoise. — Projet de réforme. Brochure in-12. . . . . 25 c.

III-IV. — Mode d'attaque de l'infanterie prussienne dans la campagne de 1870-1871, par le duc GUILLAUME DE WURTEMBERG, traduit de l'allemand par M. CONCHARD-VERMEIL, lieutenant au 13ᵉ régiment provisoire d'infanterie. Brochure in-12. . . . . . . 50 c.

V. — De la Dynamite et de ses applications pendant le siége de Paris. Brochure in-12. . . . . 25 c.

VI. — Quelques idées sur le recrutement, par G. B. Broch. in-12. 25 c.

VII. — Etude sur les reconnaissances, par le commandant PIERRON. Brochure in-12. . . . . 25 c.

VIII-IX-X. — Etude théorique sur l'organisation d'un corps d'éclaireurs à cheval, par H. DE LA F. Brochure in-12 . . . 75 c.

XI-XII-XIII. — Etude sur la défense de l'Allemagne occidentale, et en particulier de l'Alsace-Lorraine. Traduit de l'allemand. Brochure in-12. . . . . 75 c.

XIV. — L'armée danoise. — Organisation. — Recrutement. — Effectif. Brochure in-12. . . . . 25 c.

XV-XVI-XVII. — Les places fortes du N.-E. de la France, et essai de défense de la nouvelle frontière. Brochure in-12. 75 c.

XVIII-XIX. — Considérations théoriques et expérimentales au sujet de la détermination du calibre dans les armes portatives, par J. L., capitaine d'artillerie. Brochure in-12 . . . . 50 c.

XX. — Des bibliothèques militaires, de l'établissement d'un catalogue et de la tenue des principaux registres. Brochure in-12. 25 c.

XXI-XXII-XXIII-XXIV. — L'artillerie au siége de Strasbourg en 1870. Notes recueillies par un officier de l'artillerie suisse, traduit de l'allemand par P. LARZILLIÈRE, capitaine d'artillerie. Brochure in-12 avec plan . . . . 1 fr.

XXV-XXVI. — L'artillerie de campagne des grandes puissances européennes et les canons rayés. Traduit de l'allemand par M. MÉERT, capitaine d'artillerie. Brochure in-12. . . . . . 50 c.

XXVII. — Des canons et fusils à vapeur, par J. L., capitaine d'artillerie. Brochure in-12. . . . . 25 c.

XXVIII-XXIX. — La cavalerie de réserve sur le champ de bataille, d'après l'italien, par FOUCRIÈRE, sous-lieutenant au 81ᵉ régiment. Brochure in-12. . . . . 50 c.

XXX. — De la répartition de l'armée sur le territoire. Brochure in-12 . . . . 25 c.

768 — Paris, Imp. H. Carion, rue Bonaparte, 64.

LE TÉLÉMÈTRE

(RANGE-FINDER)

APPAREIL A MESURER LES DISTANCES

DU

CAPITAINE NOLAN

DE L'ARTILLERIE ROYALE ANGLAISE

Avec planche

PARIS

CH. TANERA, ÉDITEUR

LIBRAIRIE POUR L'ART MILITAIRE ET LES SCIENCES
Rue de Savoie, 6

1872

LE TÉLÉMÈTRE

(RANGE-FINDER)

Le *range-finder* est un appareil destiné à la mesure rapide des distances. Il a été inventé par le capitaine Nolan, de l'artillerie royale anglaise. A la suite d'expériences concluantes, le gouvernement anglais en a pourvu plusieurs de ses batteries, et les résultats obtenus par elles dans les camps de manœuvres, peuvent faire prévoir son adoption définitive dans le matériel d'artillerie de l'Angleterre. Les rapports du comité de Woolwich contiennent la description suivante de cet instrument ainsi que son usage :

« Opérations préliminaires.

« Pour approprier deux canons Armstrong de 12 à l'usage de range-finders, on leur fera subir les modifications suivantes :

« 1º On enlèvera de chaque pièce l'une des hausses latérales, que l'on mettra de côté, et on la remplacera dans son logement par une pièce de métal taillée en forme d'Y ;

« 2º Une pièce de même forme sera adaptée au canon à 14 pouces environ du logement de la hausse latérale ;

« 3ᵉ On enlèvera l'un des coffrets d'affût, et on le remplacera par un autre, contenant un instrument à mesurer les angles, un cylindre à calcul en bois, et un ruban de fil de 70 yards de long enroulé sur une bobine.

APPAREIL DE MESURE DES ANGLES

« Le procédé le plus simple pour évaluer l'angle que font entre eux deux rayons visuels menés à deux points différents, est de diriger deux lunettes sur ces points.

« L'appareil de mesure des angles se compose de deux lunettes, dont la plus grande est pointée sur l'arbre ou sur l'homme dont on veut avoir la distance. Elle est munie d'un réticule composé de deux fils de platine en croix. La plus petite est pointée sur un appareil semblable fixé à l'autre pièce et donne ainsi l'angle à évaluer, dont l'intersection des lunettes forme le sommet, et dont les côtés passent par l'arbre et par la pièce voisine.

« Tel est, dans toute sa simplicité, le principe de l'instrument. Pour les détails, la grande lunette a une longueur de 14 pouces environ et un objectif de 1 pouce 3/8 de diamètre. Elle a un pouvoir grossissant plus considérable que la plupart des lunettes dont on fait usage en campagne. Son pouvoir pénétrant par les temps de brouillard est presque égal à celui de l'œil nu, et supérieur à celui de l'œil regardant par les crans de mire d'une pièce de canon.

« La petite lunette a 8 pouces de long. Elle marque l'angle qu'elle fait avec la grande lunette, sur le tube de celle-ci au moyen d'une verge ou limbe d'acier de 12 pouces de long ; la verge tourne autour d'une virole et reçoit son mouvement d'une vis analogue à la vis transversale de pointage d'un canon de 12 (1).

Le cercle sur lequel sont inscrits les angles est tout à fait

______

(1) Certaines pièces anglaises sont munies de deux vis de pointage : l'une, verticale, comme dans les pièces françaises, l'autre, horizontale, sert à donner à la pièce de faibles déplacements latéraux et facilite ainsi le pointage.

particulier : on n'y a tracé ni degrés, ni minutes, mais seulement onze ou douze zéros (0). Entre deux 0 consécutifs, sont neuf traits marqués : 1, 2, 3, 4, 5, 6, 7, 8, 9, nombres qui se comptent dans la réalité 10, 20, 30, 40, ... 80, 90. La verge est munie d'un vernier avec 20 divisions : les traits alternatifs étant marqués 1, 2, 3, ... 8, 9, il donne ainsi les demi-divisions.

« Une demi-division correspond à 45 secondes; mais il faut se souvenir que l'appareil ne comporte ni degrés, ni minutes, ni secondes; qu'il n'a pas trace de semblables divisions. Elles sont remplacées par une notation décimale.

« Un manchon cylindrique entoure la petite lunette pour la garantir de tout accident.

JEU DE L'APPAREIL.

« La grande lunette n'a pas de mouvement propre, de telle sorte qu'en tournant sur ses supports, son axe optique ne change pas, théoriquement du moins, de direction. On la pointe au moyen des deux vis de pointage, latérale et verticale de la pièce.

« Quant à la petite lunette, on la fait mouvoir verticalement, en faisant tourner la grande sur ses supports en Y.

DU CYLINDRE A CALCUL.

« Le cylindre est en bois et a 3 pouces de diamètre; ses extrémités sont entourées de deux disques de bois mobiles autour de leur axe; sur son contour sont inscrits différents nombres.

« Pour en expliquer l'usage, disons d'abord que la distance entre les deux pièces d'artillerie se mesure au moyen d'un ruban, et que, pour chacune des deux pièces, on observe un angle dont la mesure ne dépasse jamais le nombre

100. De là trois nombres, dont la combinaison donne la distance cherchée.

« A cet effet, on fait tourner l'un des disques jusqu'à ce que le mot *tape* (ruban) gravé sur le disque MON, se trouve en face et au-dessous du nombre qui sur le disque IMKN, représente la distance des deux canons, obtenue au moyen du ruban. On fait alors tourner l'autre disque OJL jusqu'à ce qu'un repère représentant une pièce de canon se trouve sous le nombre donné par l'appareil de mesure des angles pour l'une des pièces ; on regarde le troisième nombre, obtenu pour la seconde pièce, sur la graduation du cylindre OJL ; au-dessus du trait qui le représente se trouve sur le disque MON un autre trait portant un numéro ; de là part obliquement une ligne indiquant la distance cherchée, gravée sur le disque supérieur.

USAGE DU RANGE-FINDER.

« On donne l'ordre à l'une des pièces, la troisième, par exemple, de faire face sur le plus grand peuplier. La première direction lui est donnée au moyen de la hausse et quand elle est ainsi dirigée, on commande : « allez. » Elle est alors pointée avec soin sur l'arbre, au moyen de la grande lunette de l'instrument que l'on a tiré du coffret d'affût et placé sur les supports en Y de la pièce. La petite lunette est pointée sur l'autre canon, et on lit le nombre donné par la verge d'acier.

« Au commandement : « allez, » l'autre pièce (la quatrième) aligne parfaitement ses roues sur celles de la troisième ; elle opère alors comme cette dernière.

« Pendant ce temps, on a mesuré avec le ruban la distance des pièces. Le cylindre combine les résultats et donne la distance du but.

« Cette distance peut encore s'obtenir sans que l'on fasse usage du ruban, à l'aide d'un troisième angle obtenu en pointant l'une des petites lunettes sur la bouche de l'autre pièce. Cette opération demande une demi-minute de plus que celle que comporte l'usage du ruban, mais présente un plus grand degré d'exactitude.

« Avec des hommes exercés à se servir de cet appareil, on peut prendre pour objectifs des troupes qui s'avancent sur la batterie ou qui s'en éloignent. On ne peut prendre pour objectifs celles qui sont en dehors de la portée des feux de l'artillerie. Pour trouver la distance d'objets mobiles, on les suit avec la vis de pointage transversale de la pièce, et on arrête simultanément le mouvement aux deux pièces. »

A cette note du comité nous ajouterons quelques mots pour expliquer plus clairement l'usage de cet instrument et celui du cylindre à calcul.

Le principe de ce dernier est fondé sur l'application de cette formule de trigonométrie :

$$\frac{a}{sin\ A} = \frac{b}{sin\ B} = \frac{c}{sin\ C}$$

de laquelle on déduit

$$a = c\ \frac{sin\ A}{sin\ C}$$

Or, $$C = 180° - (A + B)$$
et $$sin\ C = sin\ (A + B),$$
d'où

$$a = c\ \frac{sin\ A}{sin\ (A + B)}$$

Aux distances ordinaires du tir de l'artillerie, les angles A et B sont très-voisins de 90°, et l'on peut, sans erreur sensible, supposer A égal à 90°, ce qui simplifie la formule

On pourra écrire alors

$$a = c \ \frac{1}{sin \ (A \ + \ B)}$$

Appliquant les logarithmes.

$$\log a = \log c - \log sin \ (A + B).$$

Or, sin (A + B) étant plus petit que 1, son logarithme est négatif ; la *soustraction* de ce logarithme, indiquée par le terme soustractif — log sin (A + B) revient donc à une addition.

Le cylindre à calcul, fort ingénieux, permet d'évaluer très-simplement la valeur du côté a.

Le rouleau porte à sa partie inférieure une échelle indiquant les degrés ; une échelle identique est tracée sur le disque inférieur. Supposons que l'angle lu à la première pièce soit 25, on fait tourner le disque inférieur jusqu'à ce que le signe représentant un canon, et qui correspond d'ailleurs au zéro de la division, se trouve vis-à-vis du chiffre indiqué. L'angle donné pour l'autre pièce se lit sur le cylindre inférieur, et au-dessus de cette division se trouve alors sur le cylindre le chiffre qui donne la somme des deux angles (A + B).

La seconde échelle portée par le rouleau à sa partie supérieure donne les logarithmes des sinus des angles de l'échelle inférieure.

Quant au disque supérieur, il ne porte que des divisions logarithmiques.

Pour opérer, on place le zéro de l'échelle des *sinus* vis-à-vis du nombre qui représente la distance des deux pièces. On obtient ainsi log C , et cherchant alors le log du sin (A + B), on trouve au-dessus, sur le disque supérieur, la somme des logarithmes de C et de sin (A + B), ou log a.

Le cylindre donne donc mécaniquement comme la règle à calcul une addition de logarithmes.

Quant à l'alignement des deux pièces munies de ce télémètre; il ne faut pas y attacher une importance capitale, car un calcul fort simple et l'expérience ont montré que les pièces étant à une distance de quarante yards, l'approximation est fort suffisante si les alignements diffèrent de six yards; à une distance respective de cent yards, l'une des pièces peut être jusqu'à dix yards en retrait sur l'autre. Si l'on remarque que les pièces défilant au trot allongé dans une revue ont un alignement qui n'est jamais dépassé de plus d'un pied, on conçoit que sur un champ de bataille, malgré l'émotion du combat, on puisse aligner ses pièces dans les limites que nous venons d'indiquer.

Si l'on ne peut exiger de cet instrument une rigoureuse exactitude, on peut cependant en tirer une approximation fort grande pour les besoins de l'artillerie en campagne, M. le capitaine Nolan a fait de nombreux essais de son télémètre et a comparé les erreurs que comportait son emploi, avec celles qu'a données l'évaluation des distances au moyen de la simple vue.

Ce dernier mode d'évaluation a été, on le voit, fort souvent entaché d'erreurs énormes et grossières. Sur 18 coups, cette erreur a dépassé 1,000 yards; 6 fois dans une autre expérience, 2 fois dans une autre. Mais quant aux erreurs commises au moyen du *range-finder*, on n'en a trouvé qu'une seule de quelque importance pratique, sur une distance de 4,100 yards ou de 2 1/2 milles environ : par hasard, l'évaluation à l'œil nu a donné une approximation un peu plus grande.

Dans une autre expérience, six pièces ayant été mises en batterie sur un même but, les pointeurs ont été interrogés sur la distance qui les en séparait. Voici les distances qu'ils ont données :

1re pièce.	1,100	yards.
2e —	1,250	—
3e —	1,000	—
4e —	1,000	— *(a)*
5e —	1,300	—
6e —	1,200	—

La moyenne de ces évaluations est de 1,140 yards, distance probable du but, L'instrument a donné 1,157 yards.

Les diverses expériences faites à ce sujet, montrent toutes, du reste, que l'erreur dépasse fort rarement 1/80 de la distance à évaluer, et que cette erreur, dans la plupart des cas, varie entre 1/2 et 1 pour 100. C'est là une approximation fort considérable et de beaucoup supérieure à celles que l'on avait obtenues jusqu'alors au moyen de divers appareils inventés pour le même but.

Les expériences portaient en même temps sur la durée des observations. La durée de l'observation dont le résultat est consigné à propos du tableau (a) n'a été que de 1 minute 40 secondes. Cette durée n'a jamais dépassé 2 minutes. Il faut remarquer que M. le capitaine Nolan était complétement étranger à ces expériences. Comme le constatent les rapports officiels, les officiers qui composaient les commissions, et les canonniers qui y étaient employés, ignoraient tout à fait, dans le début, l'usage de cet instrument. Bien que tous se soient très-promptement accoutumés à s'en servir avec assez d'habileté, il est probable qu'entre des mains bien exercées, la durée d'une observation serait encore notablement diminuée, et que le résultat de l'observation elle-même présenterait une plus grande exactitude.

Du reste, la durée d'une observation dépassera toujours

celle de l'évaluation de la distance à l'œil nu ; mais il ne faut pas perdre de vue que le temps employé au maniement de l'instrument sera largement compensé par l'efficacité du tir ; et, au surplus, l'emploi de l'instrument exige toujours moins de temps que n'en comporte la rectification du tir au moyen de plusieurs décharges de la pièce.

Nous n'insisterons pas sur diverses expériences dans lesquelles on a évité l'emploi du ruban pour mesurer la base ; où l'on a diminué la longueur de la base, c'est-à-dire l'intervalle des pièces, jusqu'à la réduire à 20 mètres, ce qui augmentait les chances d'erreurs, dans lesquelles on a évalué des distances de colonnes en marche, au pas et au trot. Tous les résultats ont été d'une grande précision.

Le *range-finder* supprime, il est vrai, deux coups à mitraille ; mais il ne faut pas oublier qu'aujourd'hui les feux d'infanterie sont bien plus efficaces, aux petites distances, que les feux de l'artillerie ; que ce genre de tir est devenu forcément très-rare, et que, par suite, l'approvisionnement de chaque pièce en boîtes à mitraille sera encore plus que suffisant pour les cas qui peuvent se présenter.

Cet instrument, du reste, comme tous ceux dont on exige une certaine précision, doit être réglé de temps en temps. Il faut, en effet, que, quand les axes optiques des lunettes sont perpendiculaires entre eux, les alidades de tous les appareils donnent la même indication sur tous les arcs divisés. M. le colonel Goulier, à qui cet instrument a été soumis, avait même cru devoir insister sur la nécessité de cette rectification, et, suivant lui, il était à craindre que cette opération assez délicate ne devint nécessaire chaque fois que les instruments auraient fait un trajet un peu long, ce qui eût fait obstacle à son adoption. Mais des expériences, où les appareils, renfermés dans leurs coffrets, ont supporté quatre heures de trot sans en être dérangés, montrent que si cette vérification est *toujours indispensable*, on pourra la faire en campagne dans les moments de loisirs.

Le *range-finder* est donc un appareil d'une grande exactitude, d'un usage commode, dont l'emploi en campagne rendrait de grands services à l'artillerie pour l'évaluation rapide des distances. A ces différents titres, il ne serait peut-être pas hors de propos de l'expérimenter en France, et d'examiner les moyens les plus simples de le modifier, pour l'approprier à notre matériel de campagne actuellement en service. Nous avons vu, en effet, que son emploi repose sur la présence, dans une partie du matériel anglais, de deux vis de pointage, l'une verticale, l'autre horizontale et transversale à la flèche de l'affût. Mais si nos affûts ne présentent pas de disposition semblable, il ne doit pas être difficile d'y suppléer par quelques modifications de détail de l'instrument, qui n'en changeraient ni le principe ni la manœuvre.

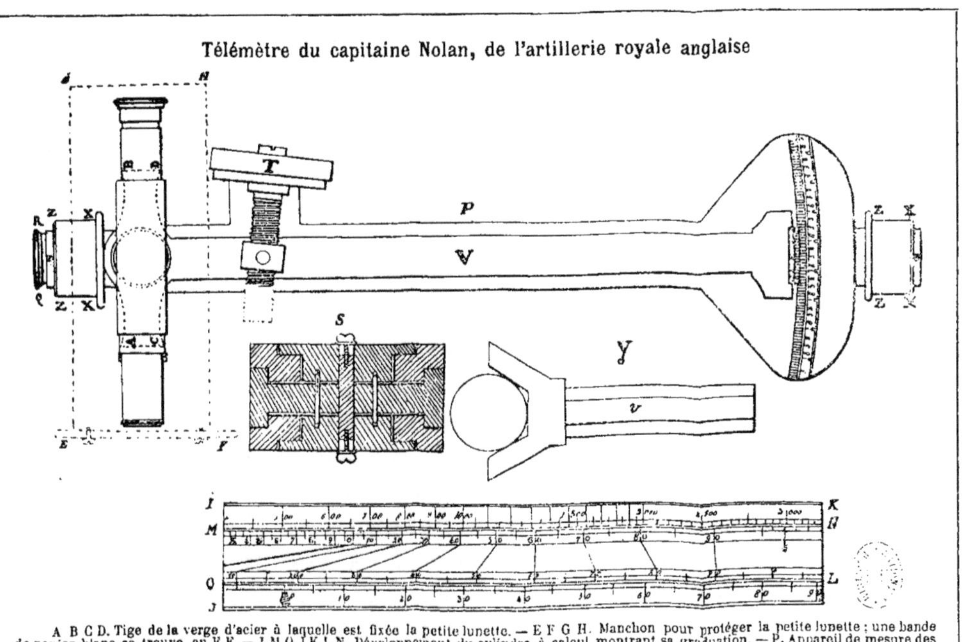

A B C D. Tige de la verge d'acier à laquelle est fixée la petite lunette. — E F G H. Manchon pour protéger la petite lunette ; une bande de papier blanc se trouve en E F. — I M O J K L N. Développement du cylindre à calcul montrant sa graduation. — P. Appareil de mesure des angles. — V. Verge ou limbe d'acier. — T. Tête de vis servant à mettre la verge d'acier en mouvement. — S. Section du cylindre à calcul. — Y. support en Y pour l'appareil de mesure des angles. La tige V a la même forme que la hausse latérale des canons. — Z X Z X. Cylindres tournés aussi parfaitement que possible. — Q R. Oculaire de la grande lunette. — G H. Côté de l'objectif de la petite lunette. — E F. Côté de l'oculaire de la petite lunette.

PUBLICATIONS DE LA RÉUNION DES OFFICIERS

En vente à la librairie militaire de Ch. **TANERA**,
6, rue de Savoie, à Paris.

I. — **L'armée anglaise en 1871, au point de vue de l'offensive et de la défensive.** Brochure in-12. 25 cent.

II. — **Organisation de l'armée suédoise. — Projet de réforme.** Brochure in-12. . . . . 25 cent.

III-IV. — **Mode d'attaque de l'infanterie prussienne dans la campagne de 1870-1871,** par le duc GUILLAUME DE WURTEMBERG, traduit de l'allemand par M. CONCHARD-VERMEIL, lieutenant au 13ᵉ régiment provisoire d'infanterie. Brochure in-12. . . . . 50 cent.

V. — **De la Dynamite et de ses applications pendant le siége de Paris.** Brochure in-12 . . . . 25 cent.

VI. — **Quelques idées sur le recrutement,** par G. B. Brochure in-12. . . . . 25 cent.

VII. — **Étude sur les Reconnaissances,** par le commandant PIERRON. — Brochure in-12 . . . . 25 cent.

VIII-IX-X. — **Étude théorique sur l'organisation d'un corps d'éclaireurs à cheval,** par H. de la F. Brochure in-12 . . . . 75 cent.

XI-XII-XIII. — **Etude sur la défense de l'Allemagne occidentale, et en particulier de l'Alsace-Lorraine.** Traduit de l'allemand. Brochure in-12 . . . . 75 cent.

XIV. — **L'armée danoise. — Organisation. — Recrutement. — Instruction. — Effectif.** — Broch. in-12. 25 cent.

XV-XVI-XVII. — **Les places fortes du N.-E. de la France, et essai de défense de la nouvelle frontière.** Brochure in-12. . . . . 75 cent.

XVIII-XIX. — **Considérations théoriques et expérimentales au sujet de la détermination du calibre dans les armes portatives,** par J. L., capitaine d'artillerie. Brochure in-12. 50 cent.

XX. — **Des bibliothèques militaires,** de l'établissement d'un catalogue et de la tenue des principaux registres. Brochure in-12. . . . . 25 cent.

XXI-XXII-XXIII-XXIV. — **L'artillerie au siége de Strasbourg en 1870.** Notes recueillies par un officier de l'artillerie suisse, traduit de l'allemand par P. LARZILLIÈRE, capitaine d'artillerie. — Brochure in-12 avec plan . . . . **1 fr.**

XXV-XXVI — **L'artillerie de campagne des grandes puissances européennes et les canons rayés,** traduit de l'allemand par M. MÉERT, capitaine d'artillerie. — Brochure in-12. . . . . **50 cent.**

XXVII. — **Des canons et fusils à vapeur,** par J. L., capitaine d'artillerie. — Brochure in-12 . . . . **25 cent.**

XXVIII-XXIX. — **La cavalerie de réserve sur le champ de bataille,** d'après l'italien, par FOUCRIÈRE, sous-lieutenant au 81e régiment. — Brochure in-12 . . . . **50 cent.**

XXX. — **De la répartition de l'armée sur le térritoire.** Brochure in-12. . . . . **25 cent.**

Manuel d'hygiène à l'usage des sous-officiers et soldats, par le docteur BURGKLY. — Brochure in-12 . . . **60 cent.**

L'armée prussienne, entretien, par M. LAHAUSSOIS, sous-intendant militaire. — Brochure in-12. . . . . **60 cent.**

Hygiène militaire, entretien, par le docteur ARNOULD, médecin-major de première classe. — Brochure in-12 . . **60 cent.**

Des tirailleurs, de leur instruction, de leur emploi, entretien, par M. HERBINGER, capitaine adjudant-major au 1er provisoire. — Brochure in-12. . . . . **60 cent.**

Principes rationnels de la marche des Impedimenta dans les grandes armées. Entretien fait par M. Anatole BARATIER, sous-intendant militaire. Brochure in-12. . . **1 fr.**

Organisation de l'armée de l'Allemagne du Nord. — Recrutement et libération. Traduit de la 12e édition de l'ouvrage sur l'organisation de l'armée allemande du général de Witzleben, par le commandant LE MAITRE. — In-8o. . **2 fr.**

Instruction du 9 juin 1866 concernant le service de garnison de l'armée prussienne. Traduit de l'allemand par MM. SAMION et LAPLANCHE. — Brochure in-12. . **1 fr. 25**

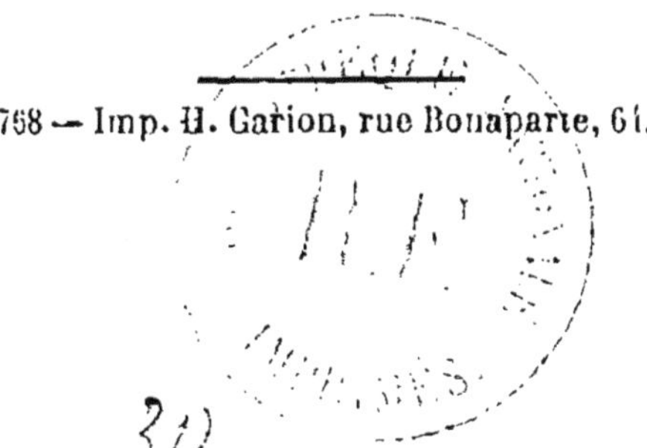

768 — Imp. H. Garion, rue Bonaparte, 61.